7分钟搞定汤羹餐

[法]艾娃·阿尔勒 编著
陈月淑 译

中国农业出版社
CHINA AGRICULTURE PRESS
北 京

图书在版编目（CIP）数据

7分钟搞定汤羹餐 /（法）艾娃·阿尔勒编著；陈月淑译. —北京：中国农业出版社，2020.7
（全家爱吃快手健康营养餐）
ISBN 978-7-109-26686-5

Ⅰ. ①7… Ⅱ. ①艾… ②陈… Ⅲ. ①汤菜—菜谱 Ⅳ. ①TS972.122

中国版本图书馆CIP数据核字（2020）第044299号

合同登记号：图字 01-2019-5850 号

策　划：张丽四　王庆宁
编辑组：黄　曦　程　燕　丁瑞华　张　丽　刘昊阳　张　毓
翻　译：四川语言桥信息技术有限公司
排　版：北京八度出版服务机构

7分钟搞定汤羹餐
7 FENZHONG GAODING TANGGENGCAN

中国农业出版社出版
地址：北京市朝阳区麦子店街 18 号楼
邮编：100125
责任编辑：张　毓　王庆宁
责任校对：赵　硕
印刷：北京缤索印刷有限公司
版次：2020 年 7 月第 1 版
印次：2020 年 7 月北京第 1 次印刷
发行：新华书店北京发行所
开本：710mm×1000mm　1/16
印张：4.75
字数：80 千字
定价：35.80 元

写在前面 / INTRODUCTION

本书中的汤谱极具创意，一汤即是一餐，可供三餐食用。

每天，我们总是在吃什么上拿不定主意。本书会为您介绍一些烹饪简单且快速的汤食料理。

在烹饪过程中，大家也可以根据自己的喜好在汤里加入面条、肉丁、面包丁等来提升晚餐的风味。

祝您阅读愉快！

CONSEILS ET ASTUCES
烹饪建议与窍门

在准备晚餐的过程中，以下几个小窍门可以帮助您轻松地节省时间：

- 抓住促销时机，购买大包装食材。举个例子，您可以一次性购买一大把大葱，然后把它们切成小薄片再冷冻储藏。在做汤时，您就可以抓一把早已切好冷冻的大葱片放进汤里；在购买、储藏以及烹饪彩椒的时候，也可以用同样的方法来节省时间。
- 选择易去皮或者无需去皮烹饪的食材。在您时间紧迫的时候，可以选择夏南瓜[①]、小南瓜等进行烹饪。
- 使用压力锅也可以将烹饪时间减半。

诸如此类的烹饪细节都会为您节省宝贵的时间。

---

① 夏南瓜是一种美洲南瓜。

目录 / SOMMAIRE

海鲜汤谱

素汤谱

SOUPES COMPLÈTES

美味从这里开始！

7分钟搞定汤羹餐

（全家爱吃快手健康营养餐）

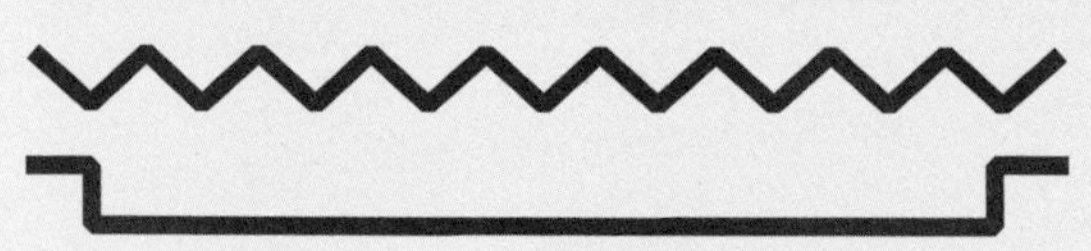

肉汤谱

SOUPES COMPLÈTES AVEC VIANDE

VELOUTÉ DE CHOU-FLEUR AUX LARDONS
肉丁花菜浓汤

4人份/烹饪时间：25分钟
4 pers. / Cuisson : 25 min

花菜	1个
小土豆	3个
牛奶	300毫升
肉豆蔻粉	1小撮
调味汤料块①	1块
烟熏肉丁	150克
新鲜欧芹	3把

1. 花菜刷洗干净并切成大块，土豆去皮切丁，往锅里加入300毫升水、牛奶、肉豆蔻粉、调味汤料块，最后将处理好的蔬菜放入锅中。
2. 将蔬菜煮熟，烹饪时间约为25分钟，期间用加长搅拌棒搅拌以保持汤汁浓稠顺滑。
3. 肉丁入锅煎炒，同欧芹一同倒入汤中后即可食用。

① 调味汤料块就是浓缩汤料，有的是块状固体，有的是果冻状。

SOUPE À LA TOMATE À LA MEXICAINE
墨西哥风味番茄汤

2人份/烹饪时间：25分钟
2 pers. / Cuisson : 25 min

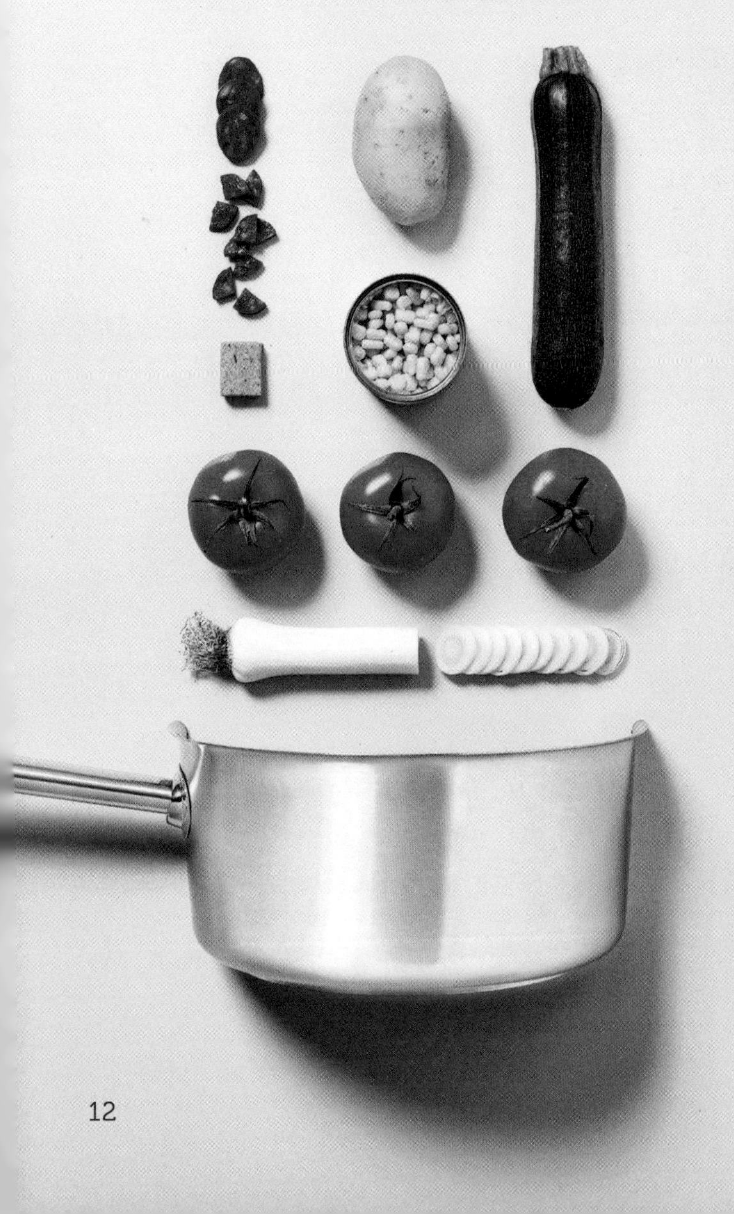

土豆	2个
夏南瓜	1个
西红柿	3个
大葱葱白	半根
蔬菜汤调味汤料块	1块
玉米粒罐头	1小罐
香肠	50克

1. 将土豆削皮，夏南瓜和西红柿切片，把大葱葱白切成薄片。煮沸一锅白水，往其中加入调味汤料块和处理好的蔬菜，沸煮20分钟。
2. 在沸煮期间，把香肠切片放入平底锅中加热3分钟，然后加入玉米，继续加热2分钟。
3. 煮汤期间需用加长搅拌棒来搅拌汤汁，煮好以后倒入2只大碗中，撒上处理好的香肠片和玉米粒后即可食用。

VELOUTÉ DE PETITS POIS ET LARDONS
豌豆肉丁浓汤

2人份／烹饪时间：7分钟
2 pers. / Cuisson : 7 min

新鲜豌豆 (速冻豌豆亦可)	400克
调味汤料块	1块
薄荷叶	10片
烟熏肉丁	125克
盐和胡椒粉	适量

1. 将豌豆倒入沸水中煮5分钟，然后加入调味汤料块。
2. 在豌豆汤中加入2勺水和几片薄荷叶并用加长搅拌棒搅拌。然后往汤中加盐和胡椒粉，继续搅拌，直至汤汁浓稠顺滑。
3. 将烟熏肉丁放入平底锅中加热。
4. 将肉丁放入浓汤中，将汤分装2碗后即可趁热食用。

BOUILLON AU POULET
原味鸡汤

4人份 / 烹饪时间：15分钟
4 pers. / Cuisson : 15 min

小洋葱头[①]	1个
胡萝卜	1根
熟鸡肉碎	300克
鸡肉汤调味汤料块	1块
意大利细面条[②]	100克
欧芹碎	1汤匙
黄油	1颗榛仁大小的量（约5克）

1. 小洋葱头去皮切薄片，胡萝卜去皮切片。将二者一同放入黄油中煎炒，加入鸡肉碎，继续煎炒2～3分钟。
2. 往锅中加入1升水及调味汤料块，煮至胡萝卜吸水膨胀变软，最后加入意大利细面条，煮3分钟。
3. 撒上欧芹碎点缀，即可食用。

小贴士 / Conseil

您也可以往其中加入一点鲜奶油或奶酪碎以提升汤品的风味。

---

① 译者注：小洋葱头的学名叫分葱。
② 译者注：这种细面条大概指甲长短，非常细。

SOUPE DE POIS CASSÉS À LA MORTEAU
莫尔托风味豌豆汤

4人份/烹饪时间：50分钟
4 pers. / Cuisson : 50 min

干豌豆	300克
月桂叶	1片
大葱薄片	150克
胡萝卜	2根
土豆	2个
萝卜	1根
莫尔托香肠	1条
盐和胡椒粉	适量

1. 在汤锅里加入2升水，再加入干豌豆和月桂叶，煮10分钟，期间撇去汤表面浮起的泡沫。
2. 把其余的蔬菜去皮并切大块后和莫尔托香肠一同倒入汤锅中焖炖40分钟。
3. 将香肠捞起切片，用搅拌棒轻轻翻动汤中的食物，翻动即可，无需刻意搅拌。最后将煮好的汤食盛入碗中，用莫尔托香肠点缀后即可食用。

SOUPE DE LENTILLES AU BACON
培根扁豆汤

2人份 / 烹饪时间：35分钟
2 pers. / Cuisson : 35 min

洋葱	1个
蒜瓣	1瓣
胡萝卜	1根
绿扁豆	200克
西红柿	2个
月桂叶	1片
培根	4片
橄榄油	1汤匙
盐和胡椒粉	适量

1. 洋葱去皮切成薄片，蒜瓣去皮，胡萝卜去皮切丁。
2. 将以上准备好的食材放入汤锅中用橄榄油煎炒片刻，然后倒入绿扁豆及切好的西红柿块，再往锅中加入1升水、月桂叶以及适量盐和胡椒粉，煮35分钟，期间适时翻动食物。请用加长搅拌棒大力翻动以确保食物能够被搅拌均匀。
3. 将培根切成小片后放入平底锅中干炒2分钟。在汤上点缀以炒培根片后即可趁热食用。

SOUPE DE RIZ AU POULET
鸡肉大米汤

2人份／烹饪时间：35分钟
2 pers. / Cuisson : 35 min

小洋葱头	1个
胡萝卜	1根
鸡肉片	4片
大米	100克
鸡肉汤调味汤料块	1块
浓稠型鲜奶油	1汤匙
黄油	一颗核桃仁大小的量（约20克）

1. 将黄油放入汤锅中加热融化。小洋葱头去皮切薄片，胡萝卜去皮切丁。将准备好的食材放入炖锅中翻炒，最后加入鸡肉片，继续翻炒。
2. 将大米用冷水冲洗之后倒入炖锅中，然后加入1升水及调味汤料块。
3. 文火慢炖30分钟，最后加入鲜奶油即可食用。

VELOUTÉ DE COURGETTES AU LARD
夏南瓜五花肉浓汤

2人份 / 烹饪时间：25分钟
2 pers. / Cuisson : 25 min

土豆	2个
夏南瓜	4个
奶酪块	2块
五花肉薄片	4片
面包片	2片
盐和胡椒粉	适量

1. 土豆去皮切块，夏南瓜洗净切片，无需去皮。将处理好的土豆块和夏南瓜片放入大量沸水中煮20分钟，加少许盐。
2. 沥去部分汤汁，再加入奶酪。将奶酪和蔬菜充分混合。最后加少许盐和适量胡椒粉。
3. 将五花肉片放入平底锅中，大火翻炒2分钟后倒入汤中。把面包烤热后，趁热同汤一起食用。

SOUPE CHORBA
鸡汤

4人份／烹饪时间：25分钟
4 pers. / Cuisson : 25 min

洋葱	1个
藏红花	1小撮
生姜	1小撮
孜然	1小撮
鸡肉片	2片
意大利细面条	50克
熟鹰嘴豆	100克
去皮西红柿	400克
新鲜香菜碎	3汤匙
黄油	20克
盐和胡椒粉	适量

1. 洋葱去皮切薄片，把黄油放入汤锅中加热，随后将洋葱薄片轻轻放入油中翻炒，加盐、胡椒粉以及其他香料。再往汤锅中倒入1.2升水加热至沸腾，然后倒入熟鹰嘴豆及去皮西红柿，沸煮10分钟。
2. 煮汤期间，把鸡肉片切丁，并在沸煮汤汁10分钟以后把鸡肉丁及细面条倒入其中，继续沸煮5分钟，期间需适时搅拌。
3. 用新鲜香菜碎点缀后即可趁热食用。

VELOUTÉ DE POTIMARRON

南瓜浓汤

2人份/烹饪时间：25分钟

2 pers. / Cuisson : 25 min

小南瓜	1个
土豆	1个
大葱葱白薄片	1根葱白的量
蔬菜汤调味汤料块	1块
肉豆蔻粉	1小撮
烟熏肉丁	125克
榛子肉	30克
浓稠型鲜奶油	50克
姜黄	1咖啡匙
盐和胡椒粉	适量

1. 小南瓜去籽切块，无需去皮，土豆去皮切块。把处理好的南瓜块和土豆块放入1升沸水中煮，并往汤中加入大葱和调味汤料块，沸煮30分钟。汤汁在沸煮过程中会变得十分浓稠，需适时加入一些水稀释。最后加入适量盐、胡椒粉以及肉豆蔻粉。

2. 煮汤期间，把肉丁和榛子肉放入平底锅中焙炒片刻，并往其中加入浓稠型奶油和姜黄，充分混合锅中食材。

3. 将煮好的浓汤倒入2只大碗中，在浓汤表面缀以炒好的肉丁、榛子肉以及加了姜黄的奶油后，可食用。

SOUPE À LA PATATE DOUCE ET AU CHORIZO
西班牙风味红薯浓汤

2～3人份／烹饪时间：18分钟
2-3 pers. / Cuisson : 18 min

洋葱	1个
红薯	2个
夏南瓜	2个
蔬菜汤调味汤料块	1块
咖喱粉	1咖啡匙
西班牙辣味香肠片	10片
橄榄油	1汤匙
盐和胡椒粉	适量

1. 洋葱去皮切成薄片后倒入加了橄榄油的汤锅中翻炒。红薯去皮切块，夏南瓜切丁，无需去皮。
2. 往汤锅中加入1升水、调味汤料块和准备好的蔬菜，最后加咖喱粉、盐、胡椒粉以及西班牙辣味香肠片，文火慢炖。
3. 炖煮期间请适时搅拌汤汁，文火慢炖15分钟后，便可食用。

ENDIVES AU JAMBON FAÇON VELOUTÉ
苦白菜炖火腿

2人份/烹饪时间：23分钟
2 pers. / Cuisson : 23 min

苦白菜[①]	500克 (大约4个的量)
小土豆	2个
牛奶	500毫升
肉豆蔻粉	1小撮
火腿片	2片
奶酪碎	50克
核桃肉	20克
黄油	1颗核桃仁大小的量 (约20克)
盐和胡椒粉	适量

1. 苦白菜洗净，将其根部的肉以倒锥形挖出以除去苦味，把余下部分切大片后放入热好黄油的炒锅中翻炒。土豆去皮切丁，倒入炒锅中和苦白菜一同翻炒，加牛奶、盐、胡椒粉、肉豆蔻粉，中火炖20分钟，适时翻动。期间若汤汁溢出，请适当降低火候。
2. 继续搅动汤汁，直至其浓稠顺滑。再将火腿切成小片。
3. 将煮好的浓汤倒入2只碗中，撒上奶酪碎、火腿片、核桃肉后即可食用。

① 译者注：苦白菜学名菊苣。

BOUILLON ASIATIQUE AU CANARD
亚洲风味鸭肉清汤

4人份/烹饪时间：25分钟
4 pers. / Cuisson : 25 min

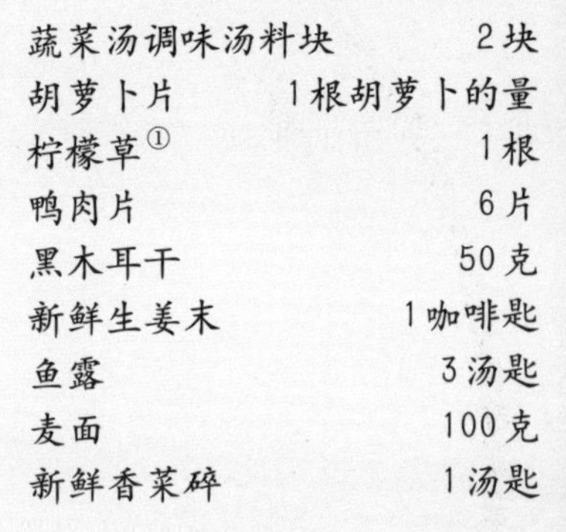

蔬菜汤调味汤料块	2块
胡萝卜片	1根胡萝卜的量
柠檬草①	1根
鸭肉片	6片
黑木耳干	50克
新鲜生姜末	1咖啡匙
鱼露	3汤匙
麦面	100克
新鲜香菜碎	1汤匙

1. 将2块蔬菜汤调味汤料块放入1升水中煮沸，然后调低火候，加入胡萝卜片、柠檬草切片、鸭肉片、黑木耳干和生姜末，小火炖15分钟。
2. 15分钟后往汤中加鱼露和面条，再沸煮3~4分钟，直至面条煮熟。
3. 在汤上缀以香菜后即可食用。

① 柠檬草的学名叫香茅，是一种具有柠檬味的香草。

VELOUTÉ DE CHÂTAIGNES AU FOIE GRAS
鹅肝栗子浓汤

4人份/烹饪时间：20分钟

4 pers. / Cuisson : 20 min

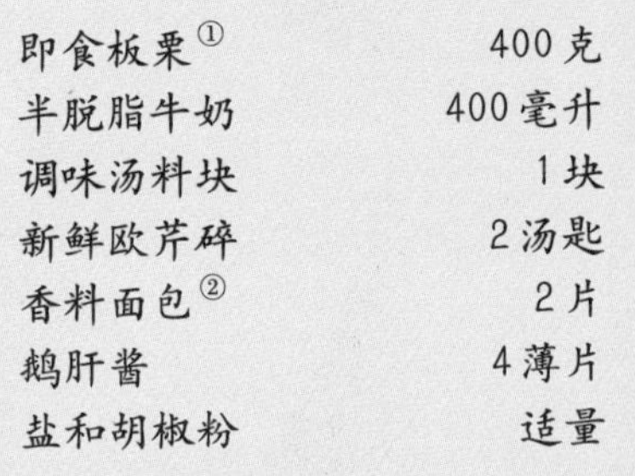

即食板栗[①]	400克
半脱脂牛奶	400毫升
调味汤料块	1块
新鲜欧芹碎	2汤匙
香料面包[②]	2片
鹅肝酱	4薄片
盐和胡椒粉	适量

1. 往锅里加入100毫升水、400毫升牛奶、调味汤料块和板栗，中火煮20分钟。再加入适量盐和胡椒粉，轻轻搅拌汤汁，然后往汤里加入欧芹碎。
2. 将香料面包烤热后切丁。
3. 把炖好的浓汤分装于4个汤盘中，再往汤表面盖以切好的鹅肝酱薄片和香料面包丁后，便可趁热食用。

---

① 译者注：在法国这种即食板栗在大多数情
下是装在玻璃瓶里密封出售的，或是袋装出售的，
封即食，亦可用于烹饪。

② 译者注：香料面包是一种用小苏打膨发的
蜜糕点，并在里面添加了八角、桂皮等香料。可用
他面包替代。

7分钟搞定汤羹餐

(全家爱吃快手健康营养餐)

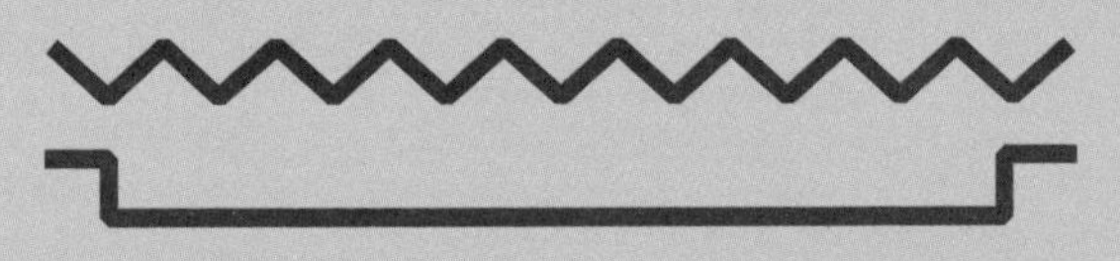

SOUPES DE FRUITS DE MER

VELOUTÉ DE MÂCHE À L'AIL ET AUX CREVETTES

蒜味虾仁野苣浓汤

2人份／烹饪时间：25分钟

2 pers. / Cuisson : 25 min

野苣	200克
小洋葱头	1个
黄油	1颗榛仁大小的量（约5克）
大土豆	1个（约200克）
调味汤料块	1块
面包片	1片
蒜蓉	1瓣大蒜量
去壳熟虾仁	4个
胡椒粉	适量

1. 小洋葱头切薄片后用黄油小火翻炒。土豆去皮切丁后和野苣一起放入锅中同小洋葱一起翻炒片刻，再往锅里加入500毫升水、调味汤料块及胡椒粉。将野苣煮软以后盖上锅盖焖炖。
2. 小火慢炖20分钟左右，期间适时翻动，在土豆顺利融入汤汁以后，将浓汤分装2碗。
3. 面包片烤热并抹上蒜蓉，然后切丁，与熟虾仁一同点缀浓汤，请趁热食用。

SOUPE THAÏE AUX CREVETTES
泰国风味虾清汤

4人份 / 烹饪时间：30分钟

4 pers. / Cuisson : 30 min

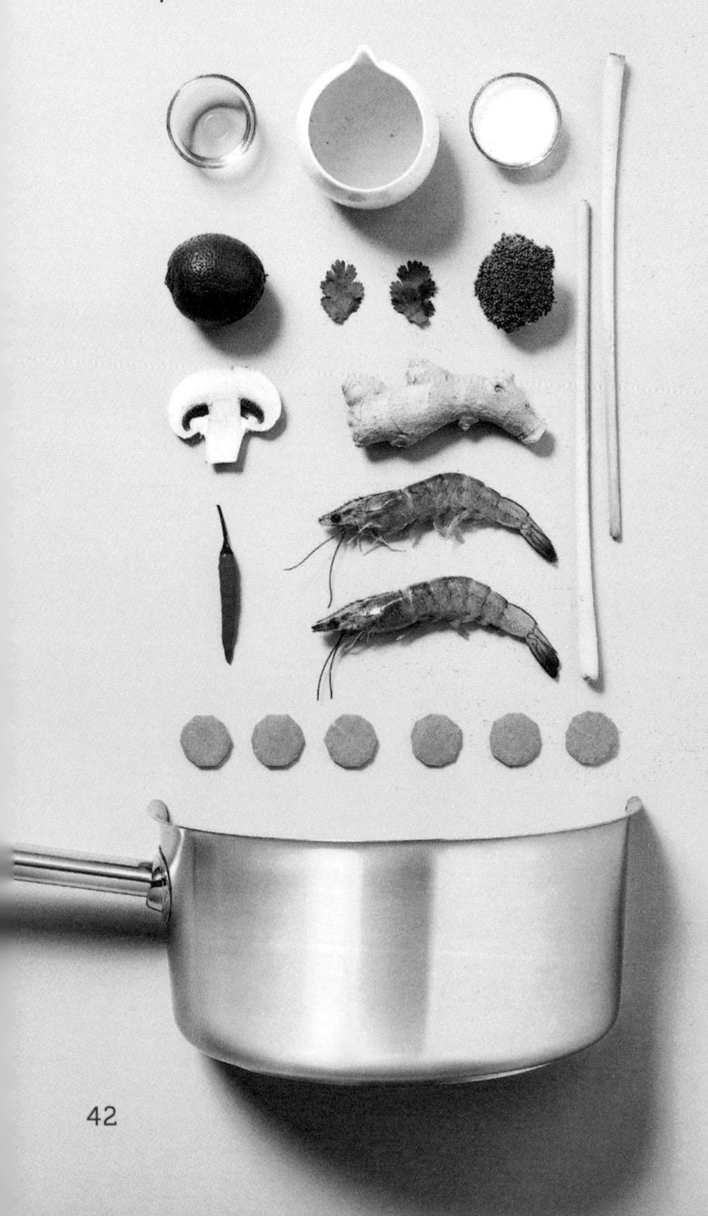

鸡汁清汤	400毫升
新鲜生姜碎	1咖啡匙
柠檬草	2根
小米椒	1个
西蓝花	1个
胡萝卜片	1根胡萝卜的量
椰奶	250毫升
生虾	16只
鱼露	3汤匙
绿柠檬汁	4汤匙
切片口蘑	100克
新鲜香菜碎	1汤匙

1. 把鸡汁清汤煮沸，然后调至小火，再倒入生姜碎、柠檬草和小米椒，煨3分钟。
2. 往汤里加入西蓝花、胡萝卜片和椰奶，小火炖15分钟。
3. 15分钟后加生虾、蘑菇、鱼露及绿柠檬汁，再炖3～4分钟，在汤上缀以香菜碎后即可食用。

SOUPE DE POISSON ET POMMES DE TERRE
土豆鱼汤

4人份/烹饪时间：35分钟
4 pers. / Cuisson : 35 min

大蒜	1瓣
洋葱	1个
土豆	3个
西红柿	2个
蔬菜汤调味汤料块	1块
番茄酱	500毫升
浅色鱼鱼脊肉（可以是黑线鳕鱼、鲽鱼、青鳕鱼等）	4块
橄榄油	1汤匙

1. 大蒜瓣和洋葱去皮，切块后倒入有少许橄榄油的汤锅中翻炒。
2. 往汤锅中加入500毫升水。土豆去皮切丁，西红柿洗净切小块后同土豆一起倒入汤锅中，再加调味汤料块和番茄酱，小火煨25分钟。
3. 把鱼脊肉用冷水洗净并用吸水纸拭干后，放入汤中焖煮5分钟，最后将汤盛出分装4盘，请趁热食用。

SOUPE DE POISSON AU CURRY
咖喱鱼汤

4人份 / 烹饪时间：25分钟

4 pers. / Cuisson : 25 min

洋葱	1个
大蒜	1瓣
土豆	2个
夏南瓜	1个
咖喱粉	1咖啡匙
青鳕鱼鱼脊肉	400克
干燥丁香花蕾	1个
橄榄油	1汤匙
盐和胡椒粉	适量

1. 洋葱和蒜瓣切薄片，土豆去皮洗净切块，夏南瓜洗净切块，无需去皮。把准备好的蔬菜倒入橄榄油锅中翻炒，撒咖喱粉和丁香花蕾，再加500毫升水、盐和胡椒粉，小火煨15分钟，期间适时搅拌。
2. 把鱼脊肉用冷水洗净，并用吸水纸拭干后切丁备用。
3. 用加长搅拌棒搅拌汤汁，然后倒入鱼肉丁，煮5分钟左右起锅，最后把汤分装4盘，趁热食用。

7分钟搞定汤羹餐

(全家爱吃快手健康营养餐)

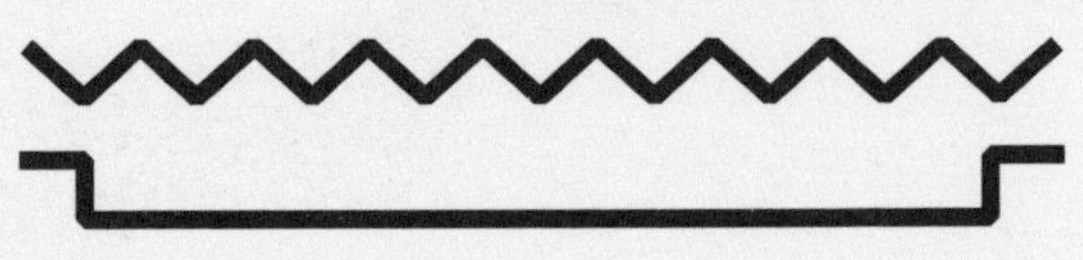

素汤谱

SOUPES COMPLÈTES VEGGIE

SOUPE D'ÉTÉ À LA FETA
菲达奶酪夏季浓汤

2人份 / 烹饪时间：20分钟
2 pers. / Cuisson : 20 min

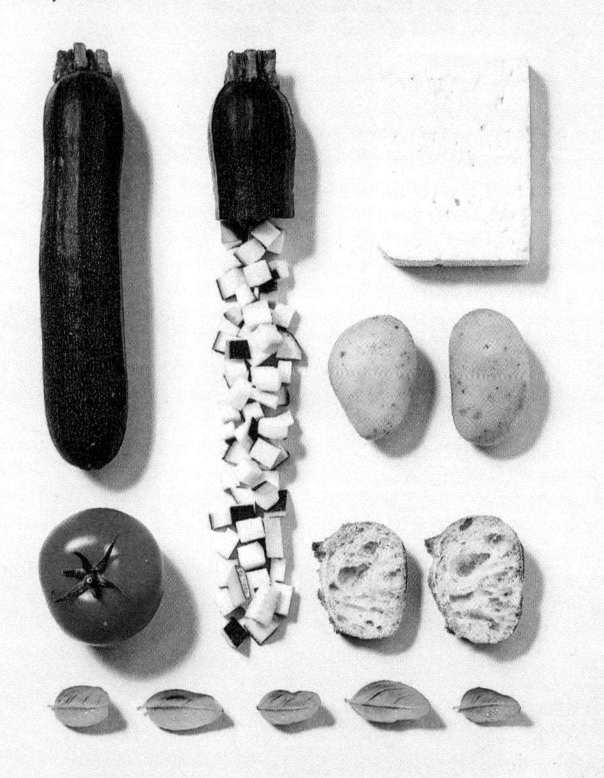

小土豆	2个
西红柿	2个
夏南瓜	4个
菲达奶酪	100克
法棍面包片	4片
罗勒叶碎	15片
橄榄油	少许
盐和胡椒粉	适量

1. 小土豆去皮，夏南瓜和西红柿洗净，无需去皮，将这三样蔬菜切丁后一同倒入淡盐水中沸煮20分钟，直至蔬菜软烂。
2. 把蔬菜汤中的水沥出部分，再用食物搅拌器把汤中蔬菜打烂，直至汤汁浓稠顺滑，最后加盐和胡椒粉。
3. 法棍面包片烤热后涂少许橄榄油，再放到汤上，最后加菲达奶酪和罗勒叶碎后即可。请趁热食用。

VELOUTÉ D'ÉPINARDS AU CHÈVRE
山羊奶酪菠菜汤

4人份/烹饪时间：20分钟
4 pers. / Cuisson : 20 min

小洋葱头	1个
新鲜菠菜	500克
小土豆	2个
蔬菜汤调味汤料块	1块
新鲜山羊奶酪	50克
山羊奶酪片	8薄片
面包片	4片
橄榄油	1汤匙
盐和胡椒粉	适量

1. 将烤箱加热至240℃。小洋葱头去皮切薄片，倒入盛有少许油的汤锅里中火翻炒。然后往锅里加700毫升水，菠菜洗净后放入汤锅中焖煮，小土豆去皮切丁后倒入其中，再加调味汤料块、盐和胡椒粉，继续煮15分钟，最后加入新鲜山羊奶酪并搅拌。
2. 在每片面包上都盖上一片山羊奶酪片，并将处理好的奶酪面包片放在烤架上烘烤2分钟。
3. 将煮好的浓汤盛入汤盘，即可搭配奶酪面包片趁热食用。

SOUPE AUX LENTILLES CORAIL ET LAIT DE COCO

珊瑚扁豆椰奶汤

2人份 / 烹饪时间：17分钟

2 pers. / Cuisson : 17 min

洋葱	1个
珊瑚扁豆	200克
蔬菜汤调味汤料块	1块
椰奶	150毫升
肉豆蔻粉	1小撮
姜黄粉	半汤匙
新鲜香菜碎	1汤匙
熟虾	4只
橄榄油	1咖啡匙

1. 洋葱去皮切薄片，放入盛有橄榄油的锅中翻炒2分钟后加入珊瑚扁豆和调味汤料块，最后加水至盖过食材，煮15分钟，再加椰奶、肉豆蔻粉和姜黄粉。
2. 用加长搅拌棒搅拌汤汁，加入香菜后即可将汤盛入碗中。
3. 在碗汤里点缀2只熟虾后即可食用。

SOUPE AU PISTOU EXPRESS
蔬菜蒜泥浓汤

2～3人份 / 烹饪时间：20分钟

2-3 pers. / Cuisson : 20 min

洋葱	1个
西红柿	4个
蔬菜汤调味汤料块	1块
西芹	1根
小贝壳面	100克
白杏仁干	100克
香蒜酱	3汤匙
新鲜罗勒叶碎	2汤匙
橄榄油	1汤匙
盐和胡椒粉	适量

1. 洋葱去皮切薄片，放入汤锅中用橄榄油中火翻炒。西红柿切块，倒入汤锅中。
2. 往锅里加水、调味汤料块和切好的西芹丁。在水开始沸腾时加入小贝壳面，煮10分钟。
3. 最后加入白杏仁干、香蒜酱、盐和胡椒粉，煮15分钟，期间适时搅拌汤汁。汤好后缀以罗勒叶碎即可趁热食用。

小贴士 / Conseil

您也可以在食用前往汤里撒点帕尔玛干奶酪碎以提升汤品风味。

SOUPE EXPRESS À LA TOMATE ET VERMICELLES
西红柿意大利面汤

3～4人份 / 烹饪时间：30分钟

3-4 pers. / Cuisson : 30 min

洋葱	1个
大蒜	1瓣
面粉	1汤匙
去皮西红柿	400克
调味汤料块	1块
普罗旺斯草	1咖啡匙
意大利细面条	50克
奶酪碎	2把
橄榄油	1咖啡匙
盐和胡椒粉	适量

1. 洋葱和大蒜去皮切薄片后放入汤锅中用橄榄油炒2分钟，然后加面粉继续翻炒。把去皮西红柿切块后倒入锅中，再加500毫升水及调味汤料块，最后加盐、胡椒粉和普罗旺斯草，煨10分钟。
2. 10分钟后，加入意大利细面条，再煮15分钟左右，直至面条熟透。
3. 在食用前加入奶酪碎，趁热食用。

SOUPE DE BROCOLIS AUX CHAMPIGNONS ET TOFU FUMÉ

烟熏豆腐蘑菇西蓝花汤

4人份/烹饪时间：20分钟

4 pers. / Cuisson : 20 min

西蓝花	500克
大土豆	1个
牛奶	200毫升
口蘑	6个
烟熏豆腐	100克
欧芹碎	1汤匙
橄榄油	1汤匙
盐和胡椒粉	适量

1. 煮沸一锅淡盐水，土豆去皮切丁后同切好的西蓝花一起倒入盐水中。继续煮20分钟后沥去部分汤水，再加牛奶、盐和胡椒粉。

2. 烹饪期间将蘑菇洗净，去蘑菇柄，再将蘑菇头切成2瓣或4瓣。把处理好的蘑菇同烟熏豆腐块一起放入橄榄油锅中翻炒3分钟，待蘑菇出汁后继续加热5分钟。

3. 把加热好的蘑菇和豆腐倒入煮好的汤中，充分搅拌汤汁，加欧芹碎后即可食用。

SOUPE DE NOUILLES À L'ALSACIENNE
阿尔萨斯面汤

2～3人份/烹饪时间：17分钟

2-3 pers. / Cuisson : 17 min

意大利细面条	100克
调味汤料块	2块
Maggi牌调味汁①	1汤匙
鲜奶油	1汤匙
黄油	20克

1. 把黄油放至平底锅加热融化，再加细面条翻炒，炒熟后加800毫升水及调味汤料块，加热至沸腾。
2. 汤汁沸腾后继续加热10～12分钟，期间适时搅拌，再加入Maggi牌调味汁，使味道更浓郁。
3. 往汤里加入鲜奶油后即可食用。

小贴士 / Conseil

您也可以往汤里加入奶酪碎以提升汤品风味。

---

① Maggi是欧洲常见的一个品牌，进口超市一般有卖，是一种调味酱油。

SOUPE COMME UN RAGOÛT D'AUTOMNE
素杂烩

4人份 / 烹饪时间：30分钟

4 pers. / Cuisson : 30 min

红薯	2个
小南瓜	半个
蔬菜汤调味汤料块	1块
丁香花干	1个
月桂叶	1片
大葱葱白薄片	1根大葱的量
扁豆	100克
肉豆蔻粉	1小撮
咖喱粉	1咖啡匙
盐和胡椒粉	适量

1. 红薯去皮切大块，小南瓜去籽切块，无需去皮。
2. 将1升水煮沸，加入调味汤料块、丁香花干、月桂叶、葱白和扁豆后，再沸煮25分钟。然后加盐、胡椒粉、肉豆蔻粉和咖喱粉，充分搅拌汤汁。
3. 汤煮好以后盛入汤盘，无需搅拌。

SOUPE DE FLOCONS D'AVOINE
燕麦汤

2人份 / 烹饪时间：20分钟

2 pers. / Cuisson : 20 min

小洋葱头	1个
燕麦片	1玻璃杯
蔬菜汤调味汤料块	1块
新鲜欧芹碎	1汤匙
鲜奶油	1汤匙
奶酪碎	40克
黄油	1颗核桃仁大小的量（约20克）
胡椒粉	适量

1. 小洋葱头去皮切薄片后入锅，用黄油翻炒片刻，再加入燕麦片继续翻炒，然后往锅中倒入2杯水及调味汤料块。
2. 小火慢炖15分钟，期间适时搅拌，如果汤汁太稠可再加水稀释。
3. 往汤里加入欧芹碎、胡椒粉、鲜奶油、奶酪碎后关火。将汤装盘后即可趁热食用。

SOUPE AUX RIWELES
面疙瘩汤

4人份／烹饪时间：13～15分钟
4 pers. / Cuisson : 13-15 min

调味汤料块	2块
Maggi牌调味汁	2汤匙
鸡蛋	1个
面粉	100克
雪维菜碎	2汤匙
盐和胡椒粉	适量

1. 将1.5升水煮沸，加盐、调味汤料块及Maggi牌调味汁。
2. 在沙拉碗中加入鸡蛋、1小撮盐和胡椒粉，撒上面粉后用叉子充分搅拌食材。和好面团后，将其捏成小面团子。
3. 将小面团子放入沸水中煮8～10分钟，期间不时翻动。然后盛出面团放入汤中，加上雪维菜碎后即可食用。

BOUILLON AUX LÉGUMES
蔬菜清汤

2人份／烹饪时间：20分钟
2 pers. / Cuisson : 20 min

蔬菜汤调味汤料块	2块
胡萝卜	1根
口蘑	4个
西蓝花块	4块
大葱葱白薄片	半根葱白的量
大豆细面	50克
酱油	2汤匙
新鲜欧芹碎	1汤匙
胡椒粉	适量

1. 将2块蔬菜汤调味汤料块放入800毫升水中煮沸，胡萝卜去皮切片，蘑菇洗净去柄，蘑菇头切片。
2. 在清汤煮沸之际把准备好的蔬菜同西蓝花块、葱白片和大豆细面一同倒入汤中。
3. 沸煮15分钟，加酱油、胡椒粉及欧芹碎后起锅，把汤分装2碗后即可食用。

SOUPE DE FARINE
面汤

3～4人份 / 烹饪时间：15分钟
3-4 pers. / Cuisson : 15 min

黄油	50克
面粉	50克
调味汤料块	2块
肉豆蔻粉	1小撮
法棍面包片	6片
奶酪碎	2小撮
盐和胡椒粉	适量

1. 把黄油放入锅中加热融化，再倒入面粉小火翻炒，缓缓加入1升沸水，边加边搅拌，以防面粉结块。加好水后再往汤中加入调味汤料块、盐、胡椒粉和肉豆蔻粉。
2. 小火慢炖10分钟左右，期间适时搅拌汤汁。
3. 在汤上放面包片，再撒适量奶酪碎后即可食用。

MESURES ET ÉQUIVALENCES
称量单位对照表

原料称量备忘录（无天平情况下）

食材	一咖啡匙	一汤匙	一芥末酱罐
黄油	7克	20克	—
可可粉	5克	10克	90克
浓稠型奶油	15毫升	40毫升	200毫升
稀奶油	7毫升	20毫升	200毫升
面粉	3克	10克	100克
奶酪碎	4克	12克	65克
其他液体（水、油、醋、酒精等）	7毫升	20毫升	200毫升
玉米淀粉	3克	10克	100克
杏仁粉	6克	15克	75克
葡萄干	8克	30克	110克
大米	7克	20克	150克
盐	5克	15克	—
粗小麦粉	5克	15克	150克
糖粉[①]	5克	15克	150克
糖霜[②]	3克	10克	110克

① 译者注：糖粉颗粒比糖霜更大，通常用于甜点制作。

② 译者注：糖霜颗粒比糖粉颗粒要小得多，可用于制作和点缀甜点。

巧记液体测量

1烧酒杯=30毫升

1咖啡杯=80～100毫升

1芥末杯=200毫升

1茶杯=300毫升

1碗=350毫升

小窍门

1枚鸡蛋=50克

1颗榛仁大小的黄油=5克

1颗核桃仁大小的黄油=15～20克

烤箱温度应用

温度（℃）	调节档
30	1
60	2
90	3
120	4
150	5
180	6
210	7
240	8
270	9